QUELQUES CONSIDÉRATIONS

EN RÉPONSE

A L'EXAMEN DE LA PHRÉNOLOGIE

DE

M. LE PROFESSEUR P. FLOURENS

DE L'ACADÉMIE DES SCIENCES DE PARIS

PAR

M. S. DE WOLKOFF.

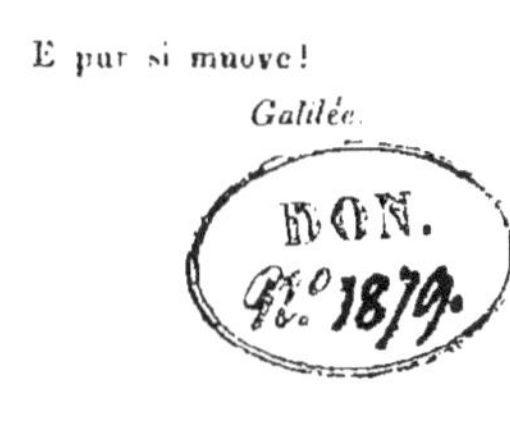

E pur si muove!

Galilée.

1846.

QUELQUES CONSIDÉRATIONS
EN RÉPONSE
A L'EXAMEN DE LA PHRÉNOLOGIE
DE M. FLOURENS

L'ÉTUDE des idées des métaphysiciens sur les *facultés de l'âme*, m'a laissé une impression pénible. Je m'aperçus bientôt que chaque auteur, détruisant les systèmes précédents, en établit un nouveau, qui sera renversé de même, puisque les données, servant de base aux raisonnements des philosophes ne sont puisées que dans l'observation unique de leur propre personne.

J'étais à mon dernier auteur, lorsqu'un volume de l'ouvrage de Gall, sur les *fonctions du cerveau*, tomba entre mes mains. Ma joie était bien grande, car j'y ai trouvé ce que je cherchais en vain ailleurs : des observations faites en dehors de l'individualité du philosophe, et par conséquent susceptibles d'être vérifiées par chacun. Aussi, depuis près de vingt ans, les ouvrages des phrénologistes ont remplacé dans ma bibliothèque ceux des métaphysiciens.

Dernièrement, à Paris, j'avais prié Mr. le Dr. Dumoutier, habile praticien phrénologiste, de me donner quelques leçons pour me mettre au courant de l'état actuel de la science. En même temps j'ai lu la nouvelle édition de l'*Examen de la phrénologie* de Mr. Flourens, où presque toutes les objections ont pour base principale l'inadmission de la pluralité des organes dans le cerveau. Il m'a paru que ce fait n'était pas assez positivement démontré par les phrénologistes; mais il m'a paru aussi, que l'on pouvait se passer de le présenter comme une vérité démontrée, et soutenir en même temps la validité des observations phrénologiques, qu'il est impossible de nier, à quiconque s'est donné la peine d'observer avec impartialité.

C'est au mois de mars de cette année (1846) que j'ai communiqué mes idées à Mr. Dumoutier et à plusieurs de mes amis. Ils leur ont trouvé de l'importance, et m'ont engagé à les jeter sur papier, ce que j'ai fait avec quelque répugnance, n'ayant aucune prétention de lutter contre un adversaire de la force de l'auteur de l'*Examen de la phrénologie*.

Tous les physiologistes conviennent, et l'auteur de l'*Examen* etc. le reconnaît aussi, que le siége de l'intelligence, ou des facultés mentales (*), est le cerveau; que cet organe est l'instrument matériel indispensable à toute manifestation de facultés, et sans *l'intervention* duquel aucun acte mental ne pourrait avoir lieu. Mais le cerveau est un corps, et son intervention ne peut être indépendante de ses *conditions physiques*.

(*) Le mot *faculté*, se rapporte ici aux phénomènes divers de l'intelligence, tels que: aptitudes, conception, penchants etc.

Ces conditions sont:

1) La *contexture* intime du cerveau.
2) La *qualité* ou l'*état* des matières qui le composent.
3) Son *volume* total.
4) Son *poids*.
5) La *disposition* relative de ses parties constituantes.
6) Sa *configuration* générale.

Les différences de ces conditions dans les cerveaux divers doivent donc être considérées parmi les causes *organiques* des différences mentales entre les hommes ainsi que parmi tous les animaux. L'influence des appareils des sens et des causes extérieures à l'organisme, rend quelquefois l'influence des conditions physiques du cerveau très difficile à saisir; cependant elle n'a pas empêché d'arriver souvent à des résultats satisfaisants.

1) La *contexture* intime du cerveau n'est pas la même dans toutes ses parties. Elle varie probablement aussi d'un cerveau à un autre; de plus, cette variation peut porter sur certaines parties du cerveau plus ou moins que sur d'autres. Il ne serait donc nullement étrange que quelqu'un s'avisât de chercher à constater l'influence de la contexture sur les fonctions du cerveau.

2) La *qualité* ou l'*état* des matières intégrantes du cerveau, exerce une influence très sensible sur ses fonctions, puisqu'on observe une modification évidente de l'intelligence suivant l'âge de l'individu, le tempérament dont il est doué et son état pathologique. Ces modifications ne

portent pas seulement sur l'intensité générale de l'intelligence, mais aussi sur telle ou telle autre faculté mentale. Elles sont très positivement constatées dans beaucoup de cas; mais on ne connaît pas encore précisément, en quoi consistent les différences de qualité ou d'état des matières cérébrales, qui produisent les modifications connues dans les fonctions du cerveau.

3) Il n'est pas probable que *le volume total* du cerveau puisse influer sur la dissemblance des facultés mentales chez les hommes et chez les animaux; du moins personne, jusqu'à présent, n'a émis cette opinion. Quant à son influence sur l'intensité générale de l'intelligence, elle est constatée dans un grand nombre de cas, où les individus comparés étaient de la même race, dans un état de santé normal, et où *toutes choses étaient égales d'ailleurs.*

Même parmi les diverses races d'animaux on a trouvé qu'un plus grand volume du cerveau correspond presque toujours à une plus grande intelligence et que le cerveau de l'homme n'est surpassé en volume que par celui de l'éléphant et du dauphin. L'influence du volume quoique générale n'est pas la seule, et il est assez étrange de voir quelques physiologistes la nier parce-qu'elle ne se vérifie pas dans tous les cas particuliers. D'autres, convenant de l'influence générale du volume, se croient obligés de recourir au rapport de la masse du cerveau à la masse totale du corps de l'animal pour expliquer la supériorité du volume du cerveau de l'éléphant sur celui de l'homme. Mais si la masse du corps peut avoir de l'influence sur le cerveau, ce sera certainement sur une de ses conditions physiques et non directement sur ses fonctions; ce n'est donc jamais le corps de l'individu, mais le cerveau seul qu'il faut considérer.

4) Le *poids* du cerveau est le résultat de sa *pesanteur spécifique* et de son volume. C'est donc le poids relatif, c.-à-d. sous l'unité de volume, du cerveau, qu'il faut considérer, si l'on veut éviter les influences complexes.

On trouverait peut-être que non seulement le poids spécifique général, mais encore celui des diverses parties du cerveau, varient d'un sujet à l'autre. Son influence sur les fonctions de l'organe, sous le double rapport de leur force et de leur diversité, serait alors possible et même probable.

5) Plusieurs physiologistes admettent que dans la plupart des cas, la *disposition* relative des parties constituantes du cerveau, devient de plus en plus compliquée à mesure que l'on s'élève dans l'échelle des animaux jusqu'à l'homme. En effet, on trouve chez l'éléphant, dont l'intelligence est supérieure à celle des autres animaux, les circonvolutions du cerveau plus nombreuses et se rapprochant davantage de celles de l'homme. D'autres physiologistes, et avec eux l'auteur de l'*Examen de la phrénologie,* ne conviennent pas de cette loi générale, par la même raison qui les conduit à nier l'influence du volume du cerveau sur l'intensité des facultés mentales, savoir : qu'on lui trouve de nombreuses exceptions.

Nous ferons la même réponse : la disposition des parties *n'est pas la seule condition physique du cerveau.* L'influence des autres conditions, bien déterminée, donnerait peut-être l'explication d'un grand nombre d'anomalies apparentes.

Avouons au moins qu'en étudiant les sujets de la même race, on peut raisonnablement s'attendre à trouver que *toutes choses égales d'ailleurs,* la saillie, la largeur, la direction etc. des circonvolutions du cerveau, ont une influence *quelconque* sur les fonctions de cet organe.

En découvrant dans le cerveau humain une disposition constante des circonvolutions, il n'est pas étonnant que les phrénologistes aient pensé qu'elles pourraient bien être le siége des diverses facultés mentales. Ce n'est d'ailleurs qu'une supposition, et quelque probable qu'elle ait pu paraître, on n'aurait pas dû la présenter comme une vérité indubitable.

L'étude des *circonvolutions,* ainsi que celle de la *contexture* du cerveau, de la *qualité* ou de l'état des matières cérébrales, et de leur *poids* spécifique, n'est possible qu'après la mort de l'individu. Cette considération seule suffit pour expliquer le peu de progrès des recherches faites sur l'influence des circonstances organiques, que nous venons d'énumérer, dans les phénomènes de l'intelligence.

Quand on songe aux affaissements, contractions, lésions etc. du cerveau après la mort, à sa mollesse, qui rend si difficile la prise de son empreinte, à l'impossibilité de revenir sur les observations des mêmes sujets, aux difficultés d'obtenir, dans les cas intéressants, l'accès du corps etc., on est bientôt convaincu que ce genre de travail exige un temps infini pour arriver au moindre résultat concluant.

6) Nous arrivons, enfin, au sujet principal des attaques de l'auteur de l'*Examen* etc., savoir : à la dépendance des facultés mentales de la *configuration* générale du cerveau. De toutes les conditions physiques de l'organe, n'y aurait-il que celle-ci qui serait indifférente aux phénomènes de l'intelligence ?

L'auteur de l'*Examen* etc. ne le dit pas. Il croit seulement avoir prouvé, par des vivisections, que les hémisphères cérébrales sont, exclusivement aux autres parties de l'encéphale, le siége de l'intelligence. Il en conclut, que le volume et la forme de la tête, exprimant le volume et la forme de l'encéphale entier, ne peuvent servir à préjuger de la grandeur et de la configuration de l'organe de l'intelligence, qui n'en est qu'une partie. Mais il n'a pas prouvé qu'après des mutilations aussi importantes que celles de l'enlèvement d'une portion de l'encéphale, les parties qui restent, continuent à fonctionner parfaitement de même qu'avant l'ablation ? Cette supposition tout-à-fait gratuite, est au moins très douteuse. Admettons-là cependant comme vraie.

Si la configuration et le volume de la tête ne donnaient pas le moyen de juger de ces mêmes attributs des hémisphères cérébrales, il faudrait encore recourir à la dissection pour découvrir leur influence sur les fonctions du cerveau. Heureusement, nous ne sommes pas ici dans le cas des autres conditions physiques du cerveau. Les parois intérieures du crâne sont partout en regard et presque concentriques avec la surface externe des hémisphères cérébrales ; la capacité des ventricules de l'encéphale n'occupe pas seulement un cinquième de son volume total ; enfin, la forme des ventricules est constante dans tous les cerveaux des individus de la même race.

Il en résulte donc : 1) que pour le même sujet, les plus fortes protubérances de la tête correspondent généralement à une plus grande épaisseur de l'hémisphère; 2) que si le rapport entre la capacité des ventricules et le volume total de l'encéphale, varie d'un sujet à l'autre, il n'y a pas lieu de s'attendre à une variation considérable pour les mêmes races d'animaux, et de plus, on est maître de diminuer l'erreur due à cette variation, en ne soumettant à l'observation que les différences très marquées de volume ou de configuration de la tête.

Ainsi donc, le rapport des volumes de la tête de plusieurs sujets, peut exprimer, avec une approximation suffisante, celui de leurs hémisphères cérébrales et les rapports des élévations des points analogues, pris sur différentes têtes, ceux des épaisseurs correspondantes des hémisphères.

Quoiqu'on dise, l'épaisseur des téguments du cerveau, prise dans des points analogues, varie d'une tête à l'autre entre des limites généralement très restreintes. En ne considérant que les différences prononcées de volume et de forme des têtes, en faisant la part de l'embonpoint des sujets, et en s'exerçant à reconnaître l'excès d'épaisseur de la peau par sa rudesse et l'épaississement du crâne ou l'écartement de ses tables, par les mouvements inégaux et brusques des protubérences, on rendra l'erreur due à l'épaisseur des enveloppes presque toujours négligeable.

N'est-il donc pas évident, après tout ce que je viens de dire, que le premier pas à faire dans la science des fonctions mentales du cerveau, est de s'assurer si, *toutes choses égales d'ailleurs*, il n'y a pas de solidarité constante : 1) entre le volume de la tête et la puissance intellectuelle des individus; 2) entre la configuration de la tête et le caractère, les aptitudes et autres facultés des sujets?

Les observations des phrénologistes prouvent amplement l'existence de ces rapports, et ceux qui la nient, ont mal observé, ou bien ils n'ont pas voulu voir, ou encore, il n'ont voulu faire attention qu'aux exceptions et aux anomalies, vraies ou supposées, afin de s'en servir pour la réfutation de la généralité des conclusions des phrénologistes. Il n'y a plus beaucoup de personnes, qui sur la foi des errements philosophiques de l'ancienne école, prétendent que les hommes naissent tous identiquement les mêmes quant à leurs facultés mentales, et que la différence qui existe entr'eux plus tard, sous ce rapport, n'est due qu'aux influences extérieures, telles que l'éducation et le milieu social. Cette opinion suppose la possibilité de la manifestation de l'intelligence, sans l'intervention du cerveau, ce qui est trop absurde pour mériter une réfutation. Les influences extérieures sont, sans doute, nombreuses et puissantes; les phrénologistes les prennent en considération ainsi que celles de l'âge et du tempérament. C'est ainsi qu'ils sont parvenus à expliquer d'une manière satisfaisante, plusieurs cas qui auraient paru sans cela des anomalies.

La détermination du volume et de la configuration de la tête est une simple question de géométrie. Le relevé des formes de la tête se fera par points, disposés d'une manière analogue sur chaque sujet. Ces points recevront des indications en chiffres ou lettres.

Puisque l'observation fait voir la coexistence constante de certaines facultés mentales très prononcées ou très faibles, avec le développement ou le retrait considérable de la tête à l'endroit de certains points déterminés de position, on faciliterait beaucoup l'étude, en donnant à ces points des noms rappelant leur corrélation avec les facultés mentales.

Dans tout cela il n'est pas le moins du monde question de la pluralité des organes, et cependant on voit clairement qu'on est forcé d'adopter le langage des phrénologistes, sauf le mot *organe* qu'il serait inutile d'employer.

L'intelligence est *une*, et le cerveau est un organe *unique*, dit l'auteur de l'*Examen de la phrénologie;* soit — mais l'intelligence n'est pas la même chez tous les individus; elle varie de l'un à l'autre quant à la force et la diversité des facultés, tout comme la tête est *une* et le cerveau est *un*, mais ils varient de volume et de forme.

La localisation des facultés ne doit donc être regardée, jusqu'à preuve plus positive de la pluralité des organes, que comme une *méthode*, excellente en elle même, pour exprimer la configuration de la tête, mais que les phrénologistes se sont trop hâtés de prendre pour un fait physiologique certain.

D'après l'auteur de l'*Examen* etc. si l'on retranche une partie considérable des hémisphères cérébrales, on observe un affaiblissement général de l'intelligence; cela prouve que la masse du cerveau a de l'influence sur l'intensité intellectuelle. Mais on assure que cette mutilation ne change en rien les aptitudes de l'individu. Eh qu'importe ! cela ne prouverait que l'unité de l'organe ; et nullement que sa configuration ne soit en liaison étroite avec les diverses facultés mentales.

Qu'il soit permis pourtant d'attendre, pour se décider sur ce point, la confirmation de la part d'autres expérimentateurs moins hostiles à la phrénologie ; car il s'agit ici d'un fait sans exemple dans le système nerveux, celui d'un organe unique servant à une multitude de fonctions très différentes, aussi différentes que le sont les caractères, les talents et les penchants des hommes.

L'auteur de l'*Examen* etc. permettera aussi aux phrénologistes d'employer le mot *intelligence* pour désigner une faculté quelconque; car tout en s'élevant contre la pluralité des intelligences, que nous renvoyons volontiers à celle des organes du cerveau , mise en doute ou réfutée, il emploie certainement lui-même ce mot dans le même sens, en disant avec le vulgaire : cet homme a l'*intelligence* des sons; cet autre a celle des formes, etc.

A en croire l'auteur de l'*Examen* etc. si jamais les physiologistes avaient le malheur de contredire ses expériences, et de trouver que le cerveau proprement dit, était un organe multiple, la morale et la religion seraient renversées!

Certes, il faut avoir bien peu de confiance dans la morale et la religion, pour croire à leur renversement par aussi peu de chose qu'une découverte en physiologie!

Grâce à Dieu, nous ne sommes plus au temps de Galilée, et de semblables accusations ne sont que ridicules.

L'auteur oppose le sentiment du *moi unique* à l'organologie de Gall. Si le cerveau est composé de plusieurs organes, le *moi unique* pourrait s'expliquer soit par un organe spécial destiné à ce sentiment, soit par la liaison intime entre tous les organes.

L'auteur veut soutenir que la liberté morale de l'homme est indépendante de l'organe de l'intelligence. Il cite Descartes, qui sentait en lui-même le libre arbître plus fort que toute autre faculté. Ce grand homme témoignait par-là de la force de sa raison et de son caractère. Mais le même sentiment, énoncé par un homme ordinaire, ne serait que le résultat de son amour propre et de l'illusion dans laquelle il se trouverait sur ses propres facultés mentales.

C'est aux magistrats qu'il faut renvoyer ceux qui s'imaginent que *tous* les hommes et *toujours*, sont *également* et *parfaitement* libres dans leurs actions. Ils verront que l'on mesure les peines suivant le plus ou le moins de liberté morale, dont jouissait le coupable au moment de son crime. Il n'y a pas de pays, dont la juridiction ne reconnaisse tacitement *en pratique*, cette vérité incontestable : que la liberté morale de l'homme, dépend des conditions matérielles dans lesquelles se trouve son cerveau.

Et ce principe est si peu contraire à la morale publique, comme il semble que l'auteur le pense, que sans lui il n'y aurait pas de justice possible. Le juge n'absout pas un criminel, quoique peu intelligent, car pour s'abstenir d'un crime, il n'est pas nécessaire de jouir d'une organisation supérieure, mais il pensera quelquefois à commuer la peine; il absoudra peut-être un malheureux qui a vengé sur place son honneur outragé ; il ne condamnera pas un fou, ni un idiot.

Le seul point, sur lequel l'auteur de l'*Examen de la phrénologie*, soit d'accord avec les phrénologistes, c'est le siége supposé de l'âme. Dans sa discussion, il donne la même valeur aux mots *âme* et *intelligence*.

La philosophie païenne nous a légué une idée de l'âme toute matérielle. Employer le mot *âme* pour celui d'*intelligence*, discuter sur le siége de l'âme, sur ses facultés etc., c'est confondre la foi avec la science, le principe immatériel avec la matière etc. Cette déplorable confusion de mots, règne encore en philosophie, et les phrénologistes y sont tombés comme les autres. Le mot *âme,* ne devrait être employé que pour désigner l'idée d'un principe immatériel et immortel, dont l'existence nous est révélée par nos sentiments, et dont, suivant nos croyances, *l'homme seul* est doué.

Aussitôt que l'on soumet cette idée ou ce sentiment à l'analyse, on le matérialise, car on lui donne des qualités, des fonctions et un lieu de résidence.

Le mot *intelligence* devrait, au contraire, ne s'appliquer qu'aux produits ou aux résultats procédant par l'intermédiaire des fonctions d'un corps organique, qui est le cerveau, résultats que nous nommons aussi *facultés mentales*, et qui s'observent plus ou moins chez *tous les animaux*.

Les mots *âme* et *intelligence*, doivent donc, pour éviter la confusion, indiquer deux idées très distinctes : le premier, une *cause* tout-à-fait en dehors des sciences positives ou d'observation, et le second : les *résultats* des fonctions organiques, du domaine de ces sciences.

Nous ne pourrons jamais rien savoir sur l'identité ou la dissemblance des *âmes*, tandis que nous constatons journellement la différence des *intelligences*. En confondant l'âme avec l'intelligence, l'auteur accorde une âme immortelle aux animaux. Il accuse, sans le moindre fondement, l'organologie, d'être contraire à la religion, et se met lui-même en contradiction formelle avec le dogme.

M. Flourens assure que l'on a dit de son ouvrage que c'était non-seulement un bon livre, mais encore une bonne action.

Nous ne dirons pas que son livre soit une mauvaise action, mais il nous est impossible de nous joindre à ceux qui le considèrent comme une bonne œuvre.

www.ingramcontent.com/pod-product-compliance
Lightning Source LLC
LaVergne TN
LVHW050256030726
842520LV00006B/2409